Bibliografische Information der Deutschen Nationalbibliothek:

Die Deutsche Bibliothek verzeichnet diese Publikation in der Deutschen National-bibliografie; detaillierte bibliografische Daten sind im Internet über http://dnb.d-nb.de/ abrufbar.

Impressum:

Copyright © 2017 GRIN Verlag, Open Publishing GmbH
Druck und Bindung: Books on Demand GmbH, Norderstedt Germany
ISBN: 9783668574038

Jennifer Jollet

Vertiefende Betrachtung der Parameterdarstellung von Geraden. Unterschiedliche Gleichungen zur Darstellung einer Geraden (Mathematik 11. Klasse, Gymnasium)

GRIN Verlag

GRIN - Your knowledge has value

Der GRIN Verlag publiziert seit 1998 wissenschaftliche Arbeiten von Studenten, Hochschullehrern und anderen Akademikern als eBook und gedrucktes Buch. Die Verlagswebsite www.grin.com ist die ideale Plattform zur Veröffentlichung von Hausarbeiten, Abschlussarbeiten, wissenschaftlichen Aufsätzen, Dissertationen und Fachbüchern.

Besuchen Sie uns im Internet:

http://www.grin.com/

http://www.facebook.com/grincom

http://www.twitter.com/grin_com

Jennifer Jollet
Studienreferendarin
am Studienseminar Hannover I
für das Lehramt an Gymnasien

Hannover, den 8.5.2017

Entwurf für den Prüfungsunterricht im Fach Mathematik im Rahmen der Staatsprüfung für das Lehramt an Gymnasien

Lerngruppe: Jahrgang 11

Raum:

Datum: 9.05.2017

Zeit: 8:30 – 9:15 (Achtung: Es klingelt zwei Minuten eher. Die SuS wissen jedoch, dass der Unterricht fortgesetzt wird.)

Thema der Unterrichtseinheit:

Analytische Geometrie

Thema der Unterrichtsstunde:

Vertiefende Betrachtung der Parameterdarstellung von Geraden: unterschiedliche Gleichungen zur Darstellung einer Geraden.

Inhalt

1

1.Stundenrelevante Angaben zur Lerngruppe

Der Kurs der Jahrgangsstufe 11 auf grundlegendem Anforderungsniveau setzt sich aus insgesamt 18 Lernenden (sechs Jungen / zwölf Mädchen) zusammen, von denen einzelne eine schriftliche Abiturprüfunq im Fach Mathematik anstreben. Hervorzuheben ist die breit gestreute Leistungsfähigkeit des Kurses. So gibt es einzelne Schülerinnen und Schüler (SuS), die eine sehr ausgeprägte Abstraktionsfähigkeit besitzen und daher mathematische Problemstellungen eigenständig lösen, neue Wege entdecken und zusätzliche, weiterführende Fragen aufwerfen können (S1, S2 z.T. auch S'3 und S'4). Der leistungsfähigen Gruppe stehen viele leistungsschwache SuS gegenüber, die dem Unterrichtsgeschehen nur mit Mühe folgen können (S'5, S'6, S'7, S8, z.T. auch S'9). Differenzierenden Maßnahmen kommt daher eine besondere Bedeutung zu. Zusätzlich ist es für diesen Kurs von großer Wichtigkeit, im Sinne einer Plateaubildung sorgfältig und ausführlich zu sichern, um allen Fragen der SuS Rechnung zu tragen.

Viele SuS bekommen zusätzlich Nachhilfe, daraus ergibt sich öfters das Problem, dass Unterrichtsinhalte bereits in der Nachhilfe behandelt worden sind. Diese SuS sind im Unterrichtsgespräch zunächst zu bremsen. Die SuS sind bemüht und interessiert, der Unterrichtsproblematik zu folgen und diese zu verstehen. Nichtsdestotrotz gelingt dies einzelnen SuS nur bedingt, sodass es sich aus Sicht der Lernenden als hilfreich erwiesen hat, dass ich in dezentralen Phasen als beratender Ansprechpartner fungiere. Die Bereitschaft zu Wortmeldungen ist allenfalls durchschnittlich ausgeprägt. Die Beteiligungsbreite ist allerdings im Zusammenhang mit kontextualen Zugängen erfreulich hoch, nimmt jedoch mit zunehmender Mathematisierung ab. Die Lernenden gehen respektvoll miteinander um, sodass funktionale Gruppenarbeitsphasen problemlos durchgeführt werden können. Gruppen- und Partnerphasen werden von den Lernenden ohne Nebengespräche fokussiert genutzt.

Die Analytische Geometrie bietet insbesondere aufgrund ihrer Anschaulichkeit vielen SuS eine neue Chance. Auch die relativ einfachen Rechnungen im Zusammenhang mit Gleichungssystemen motivieren die Lerngruppe, was sich bislang positiv auf das mathematische Verständnis und die Beteiligung auswirkt.

2. Angaben zur Sache

Die Stunde stellt eine Vertiefung zur Geradendarstellung in Parameterform dar. Daher soll die Gerade im Raum zunächst näher betrachtet werden: Eine Gerade g ist eine Punktemenge, bei der die zugehörigen Ortsvektoren einen eindimensionalen affin linearen Untervektorraum $U = \vec{s} + \text{span}(\vec{v})$, mit der affin linearen Verschiebung $\vec{s}$ und einem Basisvektor $\vec{v}$, bilden. Somit lässt sich g beschreiben durch $g = \{X \in \mathbb{R}^n | \exists r \in \mathbb{R} : \overrightarrow{OX} = \vec{s} + r\vec{v}\}$. Der Vektor $\vec{s}$ der affin linearen Verschiebung wird als Stützvektor und der Basisvektor $\vec{v}$ wird als Richtungsvektor bezeichnet. Hieraus ergibt sich die verkürzte Schreibweise für eine Gerade als Geradengleichung: $g : \vec{x} = \vec{s} + r\vec{v}$.[1] Ausgehend von diesem Wissen soll es in der vorliegenden Stunde darum gehen, eine Gerade durch unterschiedliche Geradengleichungen in Parameterform zu beschreiben. Eine Voraussetzung, um von zwei identischen Geraden zu sprechen, ist die Kollinearität der Richtungsvektoren:

Zwei Vektoren $\overrightarrow{v_1}, \overrightarrow{v_2} \in \mathbb{R}^n$ heißen kollinear, wenn es $\lambda_1, \lambda_2 \in \mathbb{R}$ gibt mit $\lambda_1 \overrightarrow{v_1} = \lambda_2 \overrightarrow{v_2}$. Angenommen $\lambda_1 \neq 0$ gilt, so lässt sich diese Aussage mittels $\lambda = \frac{\lambda_2}{\lambda_1}$ zu $\overrightarrow{v_1} = \lambda \overrightarrow{v_2}$ vereinfachen. Man erkennt, dass die Kollinearität ein Spezialfall von der linearen Abhängigkeit mit zwei Vektoren ist.[2] Nun sollen zwei Darstellungen einer Geraden betrachtet werden: $g \colon \overrightarrow{s_1} + r \overrightarrow{v_1}$, $\tilde{g} \colon \overrightarrow{s_2} + r \overrightarrow{v_2}$ mit $\overrightarrow{s_1} + r_0 \overrightarrow{v_1} = \overrightarrow{s_2}$ und $\overrightarrow{v_1} = \lambda \overrightarrow{v_2}$, somit zeigt $\overrightarrow{s_2}$ auf g und $\overrightarrow{v_1}$ und $\overrightarrow{v_2}$ sind kollinear.

$$\overrightarrow{s_1} + r \overrightarrow{v_1} = \overrightarrow{s_1} + r \frac{\lambda}{\lambda} \overrightarrow{v_1} + r_0 \overrightarrow{v_1} - r_0 \frac{\lambda}{\lambda} \overrightarrow{v_1}$$

$$= \overrightarrow{s_1} + r_0 \overrightarrow{v_1} + r \frac{1}{\lambda} \lambda \overrightarrow{v_1} - r_0 \frac{1}{\lambda} \lambda \overrightarrow{v_1}$$

$$= \overrightarrow{s_2} + \frac{r - r_0}{\lambda} \overrightarrow{v_2}$$

Da $\left\{ \frac{r - r_0}{\lambda} \middle| r \in \mathbb{R} \right\} = \mathbb{R}$ gilt, folgt $g = \tilde{g}$. Somit kann ein beliebiger Punkt auf der Geraden als Stützvektor gewählt werden. Auch die Wahl des Richtungsvektors ist bis auf Kollinearität eindeutig.

Da die Vertiefungsphase den Aspekt der Zeit thematisiert, soll dieser hier kurz erläutert werden: Betrachtet man nun die Variable r, bei $g \colon \vec{s} + r \, \vec{v}$, als Zeit, so gilt

$$\|(\vec{s} + r\vec{v}) - (\vec{s} + (r+1)\vec{v})\| = \|\vec{s} - \vec{s} + r\vec{v} - r\vec{v} - \vec{v}\| = \|\vec{v}\|$$

Also verändert sich die Position um $\|\vec{v}\|$ pro Zeiteinheit.

3. Didaktische Überlegungen

3.1 Unterrichtszusammenhang

Diese Unterrichtsstunde ist in die Unterrichtsreihe „Analytische Geometrie" eingebettet. In den Stunden zuvor ist zunächst das dreidimensionale Koordinatensystem thematisiert worden. Hierbei haben die SuS erkannt, dass durch Zahlentripel gegebene Raumpunkte in eine Schrägbilddarstellung in eindeutiger Weise eingetragen werden können, dass umgekehrt ein im Schrägbild markierter Punkt mit beliebig vielen Zahlentripeln korrespondiert. Im weiteren Zusammenhang ist der *Vektorbegriff* motiviert und sowohl im geometrischen Sinne (Verschiebung), als auch im algebraischen Sinne (Zahlentripel) präzisiert worden. Der Unterschied zwischen Punkt und Vektor ist besonders herausgestellt worden, einschließlich der Sprechweisen *Koordinate* versus *Komponente*. Insgesamt sind die SuS vertraut mit den Begriffen Ortsvektor, Gegenvektor, Nullvektor, Vektorsumme und Produkt eines Vektors mit einem Skalar.

Ausgehend vom Vektorbegriff und der fiktiven Bewegung eines Hubschraubers ist die Geradengleichung in Parameterform hergeleitet worden. Die SuS sind daher in der Lage, zu Geraden geeignete Vektorterme der Form $g \colon \vec{x} = \vec{a} + t \cdot \vec{u}, t \in \mathbb{R}$ eigenständig zu entwickeln und mithilfe dieser Vektorterme Punktproben durchzuführen. Im Rahmen der vorliegenden Stunde ist eine Vertiefung der Parameterdarstellung einer Gerade intendiert, welche auch schon den ersten Grundstein für die weiteren Betrachtungen der Lagebeziehung zweier Geraden bildet.

3.2 Legitimation

Das Thema „unterschiedliche Darstellungen von Geraden in Parametergleichung" findet man im Kerncurriculum unter dem inhaltsbezogenen Aspekt „Die SuS beschreiben **Geraden** und Ebenen

3

durch Gleichungen in Parameterform". Zugleich werden durch die Erarbeitung unterschiedlicher Möglichkeiten der Geradendarstellung in Parameterform die prozessbezogenen Kompetenzen „Mathematische Darstellungen verwenden" und „Kommunizieren" gefördert.[3] Ein tiefgreifendes Verständnis für die unterschiedlichen Formen von Geradengleichungen zu ein und derselben Geraden stellt einen wichtigen Schritt dar, der dazu beiträgt, die Gerade als geometrisches Objekt und deren bijektive Abbildung auf die Menge der reellen Zahlen vollständig zu erfassen. Auf diese Weise wird die vektorielle Parameterdarstellung einer Geraden im Raum zum Instrument, mit dem geometrische Probleme algebraisch gelöst werden können.

Auch in unserer Alltagswelt begegnen uns Phänomene, wie beispielsweise die Flugbahn von Flugzeugen und Raketen sowie der Verlauf eines Laserstrahls, die in guter Näherung als Geraden im Raum aufgefasst werden können. Der gewählte Sachkontext sensibilisiert die SuS dafür, solche mathematischen Sachverhalte in ihrem täglichen Leben wahrzunehmen und stellt damit eine der drei Grunderfahrungen nach Winter, die der Mathematikunterricht leisten soll.[4]

3.3 Schwerpunktsetzung und didaktische Reduktion

Der Schwerpunkt der Stunde liegt auf der Erkenntnis, dass sich dieselbe Gerade durch unterschiedliche Geradengleichungen ausdrücken lässt. Diesen Sachverhalt sollen die SuS erklären können und eigenständig Kriterien formulieren, die unterschiedliche, aber gleichwertige Darstellungen erfüllen müssen. Der Schwerpunkt liegt nicht, anders als in den Stunden zuvor, auf dem alleinigen Aufstellen einer Geradengleichung. Diese Routine wird von den SuS hier nur als Mittel zum Zweck verwendet. Auch sollen weitere mögliche Lagebeziehung zweier Geraden im Raum (parallel, windschief, Schnittpunkt) an dieser Stelle noch nicht weiter thematisiert werden.

Die Erkenntnis, dass beliebige k-fache ($k \in \mathbb{R}^*$) eines möglichen Richtungsvektors die Geradenrichtung in gleicherweise repräsentieren können, soll hier nicht in den übergeordneten *Aspekt lineare Abhängigkeit* eingeordnet, sondern zunächst mit dem Begriff *Kollinearität* belegt werden.

3.4 Transformation und Antizipation

Den Einstieg in die Stunde bildet ein Foto von einem startenden Flugzeug. Die SuS sollen zunächst beschreiben, was sie beobachten. Naheliegend erscheint die Interpretation, dass das Flugzeug gerade gestartet ist und sich noch im Steigflug befindet. Andere SuS könnten Anknüpfungspunkte an den Sachkontext *Hubschrauber* herstellen, der bereits in der Einführung der Geraden im Raum thematisiert worden ist. Das Bild soll eine erste Annäherung an den Sachkontext bilden, der den Stundenverlauf tragen soll. Anknüpfend an die Aussagen der SuS wird ein fiktiver Dialog zwischen zwei „Männchen" gezeigt, der eine Kontroverse hinsichtlich der modellierenden Gleichung einer Flugbahn andeutet (vgl. Kapitel 6.4). Es drängt sich die Frage auf, inwieweit dieselbe Gerade durch unterschiedliche Gleichungen beschrieben werden kann. Die SuS können nun erste Vermutungen äußern. Leistungsschwächere könnten annehmen, dass dies nicht möglich sei, da für Geraden in der Ebene eine eindeutige algebraische Beschreibung vertraut ist. Leistungsstärkere werden eventuell schlussfolgern, dass es keinen Unterschied macht, ob man den Richtungsvektor oder ein Vielfaches von diesem heranzieht. Richtige Vermutungen werden

4

zunächst aufgenommen und als These, die es zu untersuchen gilt, stehen gelassen. Zu diesem Zeitpunkt ist der Begriff *Kollinearität* noch nicht erarbeitet worden, sodass eine fachsprachliche Präzisierung dieses Effekts nicht erwartet werden kann. Zusätzlich sollen die SuS erste Herangehensweisen vorschlagen. Die Vermutungen werden von mir gebündelt, sodass diese Phase in die Problemfrage der Stunde mündet: *Inwieweit lässt sich das gleiche geometrische Objekt „Gerade im Raum" durch unterschiedliche Parameterdarstellungen beschreiben?*

In der Erarbeitungsphase wird zunächst die Aufgabenstellung erläutert und anschließend in Gruppen eingeteilt. Innerhalb dieser Gruppen wird arbeitsteilig vorgegangen, indem jedes Gruppenmitglied aus einem anderen Anlass zur Darstellung derselben Geraden aufgefordert wird. Die Aufgabenstellungen sind vom Schwierigkeitsgrad her differenziert: Die erste Aufgabenvariante gibt den Richtungs- und den Stützvektor explizit vor. Beide müssen nur noch von den SuS als solche identifiziert und in eine Geradengleichung eingebettet werden. Die zweite Variante beinhaltet die Schwierigkeit, dass der Richtungsvektor nicht mehr explizit vorgegeben ist, sondern aus textlichen Angaben konstruiert werden muss. Im Gegensatz zu den ersten beiden Varianten bezieht sich die Erstbeobachtung (Parameterwert Null) nicht auf den Startpunkt des Flugzeuges, sondern auf einen anderen Geradenpunkt (Variation des Stützvektors). Hier ergeben sich sowohl der Stützvektor als auch der Richtungsvektor anhand textlicher Angaben. Die vierte Variante bietet im Vergleich den höchsten Schwierigkeitsgrad. Bei vergleichbarem Anspruchsniveau hinsichtlich des Stützvektors ist nun für das Konkretisieren des Richtungsvektors die Differenzbildung zweier Ortsvektoren erforderlich. Innerhalb jeder Gruppe werden vier Gleichungen generiert, die zwar unterschiedlich sind, jedoch die gleiche Gerade (Flugbahn) beschreiben. Bei der nummerischen Konkretisierung ist darauf geachtet worden, dass es gleichwertige Geradendarstellungen gibt, in denen die Richtungsvektoren identisch, aber die Stützvektoren verschieden sind. Entsprechend enthält die Aufgabenvariation Darstellungen, in denen die Stützvektoren identisch, aber die Richtungsvektoren unterschiedlich sind, sodass die beiden zu erarbeitenden Kriterien voneinander getrennt herausgearbeitet werden können. So ist es den SuS möglich, innerhalb ihrer Gruppe Zusammenhänge zwischen den einzelnen Geradendarstellungen zu finden und erste Kriterien (Kollinearität der Richtungsvektoren, Ortsvektor eines *beliebigen* Geradenpunktes als Stützvektor), zu formulieren. Unterstützend wirkt die bildliche Darstellung der Geraden, an der die SuS erkennen können, dass sie alle die gleiche Gerade, mit einer unterschiedlichen Geradengleichung beschrieben haben. Schwierig könnte die im Schrägbild täuschende, „fallende" Gerade sein. Jedoch sind die SuS eine solche Darstellung aus den Stunden zuvor gewohnt. Dies soll aber in der Sicherung in jedem Fall thematisiert werden. Es ist davon auszugehen, dass das Aufstellen der Geraden für die SuS unproblematisch verlaufen wird. Anspruchsvoller erscheint die Bearbeitung der Gruppenaufgabe. Hier müssen die SuS die oben genannten Zusammenhänge selbstständig erkennen und Schlussfolgerungen eigenständig ziehen. Präventiv soll die Zusammenstellung der Gruppe diese Arbeitsphase entlasten (siehe Kapitel 5). Sollten dennoch gehäuft zu große Barrieren auftreten, so sollen diese durch geeignete Impulse meinerseits von

5

den SuS überwunden werden: „Betrachtet zunächst nur die unterschiedlichen Richtungsvektoren", „Was ist an den Stützvektoren besonders?", „Lassen sich eure Aussagen verallgemeinern?" Zusätzlich erhält eine Gruppe eine Folie, die mit ihren Ergebnissen beschriftet werden soll (Ersparnis der Zeit, Eigenständigkeit der SuS).

In der Sicherungsphase soll die Folie mit den Lösungswegen erläutert werden. Zusätzlich können andere Gruppen ergänzen und Fragen stellen. Es soll erklärt werden, warum es möglich ist, dieselbe Gerade mit beliebig vielen unterschiedlichen Geradengleichungen in Parameterform darzustellen. Hierbei sollen die SuS erläutern, dass die Richtungsvektoren kollinear sein müssen und der Stützvektor auf der Geraden liegen muss. Zusätzlich kann der Frage nachgegangen werden, wie viele unterschiedliche Geradengleichungen es für eine beliebige Gerade im Raum gibt. Auch das Schrägbild der Gerade soll durch geeignete Einzeichnungen verdeutlicht werden. Hier erfolgt demnach die erste Plateaubildung, um sicherzustellen, dass der Sachverhalt richtig verstanden wurde, um dieses Wissen nun in der Vertiefungsphase anzuwenden.

In dieser soll zusätzlich der Zeitaspekt angesprochen werden. Die Aufgabenstellung der Erarbeitungsphase beinhaltete bereits Zeitangaben, welche jedoch für das Aufstellen der richtigen Geradengleichung keine Relevanz besaßen. Zur Problematisierung wird erneut ein Gespräch zwischen den Strichmännchen aufgelegt, welches den Zeitaspekt anspricht (vgl. Kapitel 6.4). Die SuS sollen nun überlegen, wie man den zeitlichen Zusammenhang der unterschiedlichen Geradengleichungen untersuchen kann. Mögliche Vorschläge der SuS könnten sein: „Wir könnten gucken, welche Strecke ein Flugzeug in einer Minute zurücklegt.", „Wir könnten die exakte Geschwindigkeit berechnen.", „Man sieht das doch schon indirekt anhand der Richtungsvektoren." „Steckt das nicht schon in der Aufgabenstellung?" Sollte die Betrachtung der Richtungsvektoren nicht vorgeschlagen werden, werden Impulse in diese Richtung gesetzt: *„Wie verändert sich die Lage des ersten Flugzeuges in einer Minute und wie verändert sich die Lage des Zweiten Flugzeuges?", „Was gibt der Richtungsvektor genau an?", „Was passiert, wenn ich für t_1-t_4 einen Wert einsetze?"* Ausgehend von diesen Vermutungen entlasse ich die SuS in eine kurze dezentrale Phase, damit sie selbst die Richtungsvektoren vergleichen können und erste eigene Ideen bekommen. Durch Betrachtung der Richtungsvektoren ergibt sich, dass die Concorde doppelt so schnell wie das Flugzeug der Lufthansa und sogar viermal so schnell wie das Propellerflugzeug fliegt. Die Vertiefungsphase zeigt zudem, wofür die unterschiedlichen Geradengleichungen derselben Gerade genutzt werden können. Zusätzlich soll in der zweiten Vertiefungsphase (didaktische Reserve) von den SuS überlegt werden, zu welchem Zeitpunkt sich das Flugzeug der Concorde und das Lufthansa Flugzeug treffen würden. Dabei können die leistungsschwächeren SuS dies durch gezieltes Ausprobieren lösen, währenddessen die Leistungsstärken vermutlich vorschlagen werden, die Geradengleichungen gleichzusetzen, um so einen möglichen Wert für den Parameter t (Zeit) herauszufinden. Es muss herausgearbeitet werden, warum das Gleichstellen geeignet ist und wieso t_1 und t_4 nun beide durch den Parameter t ersetzt werden können. Somit erfährt auch der Parameter einer Geradengleichung eine vertiefte Betrachtung.

4. Ziele der Stunde

Die SuS sind am Ende der Stunde in der Lage, den Zusammenhang zwischen verschiedenen Parameterdarstellungen derselben Gerade zu erläutern. Dazu sollen sie im Einzelnen:

- Erste Vermutungen äußern, inwieweit sich eine Gerade im Raum (Flugbahn eines startenden Flugzeuges) durch unterschiedliche Vektorgleichungen in Parameterform beschreiben lässt.
- Eine Geradengleichung in Parameterform aufstellen (verschiedene Möglichkeiten).
- Erkennen, dass das geometrische Objekt Gerade im Raum durch unterschiedliche Vektorgleichungen in Parameterform dargestellt werden kann.
- Kriterien formulieren, die Geradendarstellungen erfüllen müssen, damit sie dieselbe Gerade beschreiben.

Im Sinne einer Maximalplanung können die SuS durch Betrachtungen der Richtungsvektoren und des Parameters t die Relation von Geschwindigkeiten unterschiedlicher Flugzeuge (Geschwindigkeitsrelation, Zeitnullpunkt) erläutern.

5. Methodische Überlegungen

Sozialformen: Die Einstiegsphase beginnt mit einem Unterrichtsgespräch, in dem sich die SuS zu dem Bild äußern. Insbesondere beim ersten Mathematisieren, können so auch die Leistungsschwächeren durch andere Lernende erste Ansatzmöglichkeiten erhalten. Zusätzlich wird so garantiert, dass alle SuS in die Problemstellung einsteigen. In der Erarbeitungsphase müssen die SuS zunächst in Einzelarbeit eine Geradengleichung von derselben Gerade aufstellen, die jedoch alle in der Darstellung different sind. Daher ist jedes Gruppenmitglied für die Erarbeitung wichtig, nur so können in der Gruppenphase die Zusammenhänge konkretisiert werden.[5] Durch die gemeinsame Arbeit in der Gruppe wird die zweite Aufgabe entlastet. Die Sicherungsphase erfolgt wieder im Unterrichtgespräch um sicherzustellen, dass der neue Sachverhalt richtig erfasst worden ist. Zusätzlich können so offene Kontroversen sowie Fragen geklärt werden. Die Vertiefungsphase verläuft in zwei Phasen: Zunächst sollen die SuS sich selbstständig Gedanken zur neuen Problemstellung machen und im zweiten Schritt wird dieses im Unterrichtsgespräch näher betrachtet, da dieses Raum für Fragen, offene Diskussionen und neue Denkanstöße gibt. Zudem können gezielte Impulse durch die schwierige Problematik führen.

Medien / Materialien: Zu Beginn wird ein Foto aus dem Alltag der SuS (startendes Flugzeug) mithilfe des Overheadprojektors präsentiert. Dadurch können die SuS Lebensweltbezüge herstellen und sind motiviert. Durch den Dialog der Strichmännchen, der anschließend präsentiert wird, erfolgt die Problematisierung. Das vorbereitete Arbeitsblatt greift die Flugzeug-Thematik wieder auf. Hilfekarten werden nicht gestellt, da die SuS es gewohnt sind, in Stillarbeitsphasen Hilfe durch entsprechende Impulse zu erhalten. Diese sind zudem meist individueller und auf die Probleme der einzelnen SuS bezogen, sodass sie oft mehr Hilfestellung geben können als Hilfekarten. Bei der Sicherung wird zunächst eine Folie verwendet. Diese hat den Vorteil, dass SuS, die bereits früher fertig sein sollten, diese beschriften können. Später werden die Bedingungen der Geradengleichungen für identische Geraden an der Tafel gesichert, da sie unmittelbar zur Beantwortung der Stundenfrage beitragen und somit unter die Fragestellung gehören. Die darauffolgende Vertiefungsphase wird ebenfalls an der Tafel gesichert.

Steuerungsverhalten: Zu Beginn sollen sich alle SuS zu dem Bild des Flugzeuges äußern, sodass alle SuS die Möglichkeit haben, in den Kontext einzusteigen und somit eine Schülerzentrierung vorliegt. Die Erarbeitungsphase soll hauptsächlich von den SuS getragen werden, sodass ich mich soweit wie möglich aus den Gruppenarbeiten heraushalte und stattdessen die Rolle des Beobachters einnehme und ggf. durch Impulse Hilfestellungen gebe. Zusätzlich werden die aufgestellten Geradengleichungen kontrolliert und geschaut, welche Gruppen sich für die Vorstellung in der Sicherungsphase besonders eignen. Die Sicherungsphase wird zunächst von den SuS eingeleitet, woraus sich ein Unterrichtsgespräch entwickelt. Ich werde zielführende Impulse setzen, welche die SuS zum gewünschten Ziel führen und außerdem prüfen, ob die SuS die Thematik tiefgehend verstanden haben. Nichtsdestotrotz liegt der Fokus auf Gesprächen zwischen den Lernenden. Die Vertiefungsphase soll zunächst durch die Vermutungen der Lernenden schülerzentriert verlaufen, während ich mich soweit es geht, zurückhalte und erst in der Besprechung der Vertiefungsphase stärker lenkend und impulsgebend auftreten werde, was auf die höhere Schwierigkeit zurückzuführen ist.

---

[1] Lorenz, Falko: Lineare Algebra II, Leipzig 1992, S.13.
[2] Da die lineare Abhängigkeit allerdings aufbauend eingeführt werden muss, ist dies nicht Teil der vorliegenden Stunde (vgl. Kapitel 3.3).
[3] Vgl. Kerncurriculum Niedersachsen, S.18-20, unter: http://db2.nibis.de/1db/cuvo/datei/kc_mathematik_go_i_2009.pdf (abgerufen am 5.5.2017)
[4] Vgl. Winter, Heinrich: Mathematikunterricht und Allgemeinbildung. In: Mitteilungen der Gesellschaft für Didaktik der Mathematik 61, S. 37.
[5] Daher soll durch Herumgehen überprüft werden, ob die einzelnen Gruppenmitglieder die korrekte Gleichung aufgestellt haben

6. Anhang

6.1 Kommentierter Sitzplan

Der Sitzplan wird am 9.5.2017 den Ausbilderinnen dem Schulleiter, dem Fachlehrer sowie der Zuschauerin vor der Unterrichtsstunde ausgehändigt. Ein Verschicken ist aus Datenschutzgründen nicht möglich.

6.2 Verlaufsplanung

Phase	Lehrerverhalten	Intendierte Lerneraktivitäten (erwartete Schwierigkeiten)	Sozialf.	Medien/Material
Einstieg	Legt Foto auf dem OHP und leitet das aufkommende Gespräch. Später präsentiert L. den Dialog zwischen den Männchen.	SuS äußern sich zum Foto. Mögliche Aussagen: „Das erinnert mich an den Hubschrauber der letzten Woche." „Das Flugzeug ist gerade dabei zu starten." „Die Flugbahn kann man bestimmt auch mit einer Geraden beschreiben"		OHP
				Folie Flugzeug
	„Wer hat denn nun Recht von den beiden?" „Habt ihr Vorschläge, wie wir das genauer untersuchen können?"	Zum Dialog: „Nein, ich glaube es kann nur eine geben. Das war doch auch sonst immer so." „Ich glaube man kann die Richtungsvektoren vielleicht variieren, sodass sie ein Vielfaches sind." „Um das zu überprüfen, bräuchten wir verschiedene Geradengleichung und dann kann man die einzeichnen und untersuchen, ob es die gleiche Gerade ist."	UG	Folie Strichmännchen
				Tafel
	L. bündelt und leitet zur Problemfrage über:	Es ergibt sich die **Problemstellung**: Inwieweit lässt sich das gleiche geometrische Objekt „Gerade im Raum" durch unterschiedliche Parameterdarstellungen beschreiben?		
Erarbeitung	L. erklärt den Arbeitsauftrag und teilt das AB aus.	SuS stellen zunächst alleine eine Geradengleichung mithilfe der Angaben aus den Aufgabentexten auf.	EA	AB Identische Geraden (A-D)
	L. geht herum, kontrolliert dabei die von den SuS aufgestellten Geradegleichungen und fungiert als Ansprechpartner, falls Hilfen gebraucht werden.	Anschließend treten sie mit ihren Gruppenmitgliedern in einen Austausch, erkennen, dass sie alle dieselbe Gerade aufgestellt haben und klären Bedingungen der Geradengleichungen, damit sie identische Geraden beschreiben.	GA	
	Mögliche Impulse: „Betrachtet zunächst nur die unterschiedlichen Richtungsvektoren" „Was ist an den Stützvektoren besonders?", „Lassen sich eure Aussagen verallgemeinern?"	Es könnte Probleme bei der Bearbeitung der Gruppenaufgaben geben. Doch entgegenwirkend sollen gezielte Impulse gesetzt werden. Sowie durch die heterogene Zusammenstellung der Gruppen die schwächeren SuS aufgefangen werden.		
	L. teilt Sicherungsfolie aus.	Eine Gruppe, die frühzeitig fertig sein sollte, erhält die Sicherungsfolie zum Beschriften.		

Phase	Aktionen / Impulse	Kommentar	SF	Material
Ergebnissicherung	L. trägt einen Schüler oder eine Schülerin der Gruppe, die die Sicherungsfolie ausgefüllt hat, nach Vorne zu kommen und die Gruppenergebnisse zu präsentieren. L. leitet das anschließende UG. „Warum ist die Kollinearität der Richtungsvektoren eine wichtige Bedingung?" „Warum benötigen wir als Stützvektor den Ortvektor eines beliebigen Punktes der Geraden?" „Was würde passieren, wenn wir einen anderen Ortvektor als Stützvektor wählen?" „Wie viele Geradengleichungen könnte man denn nun für die hier vorliegende Gerade erstellen?" Ggf. wird auf die Parameter t_1-t_4 genauer eingegangen, falls die Gruppen alle vier unterschiedlichen Geradengleichungen mit demselben Parameter t aufstellen. Die Ergebnisse sollen an der Tafel gesichert werden.	Die Sicherungsfolie wird erklärt. Andere SuS können Nachfragen stellen, Ergänzungen tätigen oder das Vorgestellte bestätigen. Später sollen die SuS zunächst erläutern, welche Bedingungen erfüllt sein müssen, damit die beiden Geradengleichungen ein und dieselbe Gerade beschreiben. Anschließend sollen diese vertieft betrachtet werden und begründet werden, warum diese Kriterien erfüllt sein müssen. Der Begriff der Kollinearität wird eingeführt und erörtert. Es ist davon auszugehen, dass in dieser wichtigen Sicherungsphase die Beteiligung etwas zurückgeht, da hier ein vertieftes Verständnis gefragt ist. Die Leistungsschwächeren SuS profitieren jedoch vom Austausch im Plenum und können durch gezielte Impulse ggf. wieder einsteigen. Eventuell treten auch Probleme bei der Bedingung des Stützvektors auf, da diese Bedingung nicht einfach zu erkennen war, wie die des Richtungsvektors. Auch hier sollen geeignete Impulse die SuS voranbringen.	SV UG	Sicherungsfolie OHP Tafel.
Vertiefung I	L. legt einen weiterführenden Dialog der Strichmännchen auf, der nun den Zeitaspekt anspricht. L. fragt nach, wie man die Vermutung, dass das eine Flugzeug schneller fliegen würde als die anderen drei, überprüfen könnte. L. bündelt die Vorschläge und entlässt SuS in eine kurze dezentrale Phase, damit sie ihre vorgeschlagene Lösungsstrategie ausprobieren	SuS erläutern mögliche Strategie zur Überprüfung der Fragestellung des Strichmännchens. Mögliche Vorschläge der SuS: „Wir könnten gucken, welche Strecke ein Flugzeug in einer Minute zurücklegt.", „Wir könnten die exakte Geschwindigkeit berechnen.", „Man sieht das doch schon indirekt anhand der Richtungsvektoren." „Steckt das nicht schon in der Aufgabenstellung von Begim?" Die SuS finden ausgehend von den Richtungsvektoren heraus, dass	UG Murmel-phase/ EA/ ggf. PA	Tafel

11

Phase				Medien
	können.	das Concorde-Flugzeug am schnellsten ist (doppelt so schnell wie die Lufthansa Flugzeuge und sogar viermal so schnell wie das Propellerflugzeug.). SuS erläutern ihr Vorgehen.	UG	Tafel oder OHP
	Mögliche Impulse, falls die SuS nicht von selbst den Richtungsvektor ansprechen sollten:			
	„Wie verändert sich die Lage des ersten Flugzeuges in einer Minute und wie verändert sich die Lage des Zweiten Flugzeuges?"			
	„Was gibt der Richtungsvektor genau an?"			
	„Was passiert, wenn ich für t_1-t_4 einen Wert einsetze?"			
	L. leitet das aufkommende UG und bündelt die Ergebnisse der Phase an der Tafel.			
Vertiefung II (Didaktische Reserve)	L. fragt die SuS, welche Probleme entstehen könnten, wenn alle Flugzeuge dieselbe Flugbahn beim Start haben und worauf geachtet werden muss. Anschließend modelliert L. das Problem der Flugbahn eines startenden Flugzeuges: „Das Personal der Flugsicherheit möchte überprüfen, nach wie vielen Minuten die Lufthansa Maschine die Flugbahn verlassen muss, damit die Concorde nicht in sie hineinfliegt."	L. erklären, dass die Flugzeuge die Flugbahn nach einer gewissen Zeit verlassen müssen, damit kein Zusammenprall entsteht.		
		SuS schlagen geeignete Lösungsverfahren vor, um zu berechnen, wann das Flugzeug seine Flugbahn ändern muss:		
	Wie könnten wir nun Vorgehen?	„Gleichsetzen und die Parameter t_1 sowie t_4 den Parameter t annehmen, anschließend ausrechnen."		
		„Wir können für t_1 und t_4 unterschiedliche Werte einsetzen und schauen, wann sich bei beiden Geraden der gleiche Punkt ergibt."		
		Je nachdem wie viel Zeit noch ist, wird die Aufgabe zusammen mit den SuS errechnet oder in die Hausaufgabe verlagert.		
		Hier muss thematisiert werden, warum es in diesem Fall erlaubt ist, t_1 und t_4 gleichzusetzen.		

UG – Unterrichtsgespräch; HA – Hausaufgabe; EA – Einzelarbeit; AB – Arbeitsblatt; OHP- Overheadprojektor; SV - Schülervortrag

HA: Ggf. die Aufgabe der zweiten Vertiefung, nachdem diese vorentlastet worden ist.

Welche Geschwindigkeits-aussage können durch unterschiedlichen Geraden-gleichungen derselben Gerade getätigt werden?

Falls die Parameter von zwei Geraden die gleiche Zeiteinheit widerspiegeln, so können anhand der Richtungsvektoren Geschwindigkeitsverhältnisse bestimmt werden. Bsp:

$$\begin{pmatrix} 4 \\ 6 \\ 0,25 \end{pmatrix} = 2 \cdot \begin{pmatrix} 2 \\ 3 \\ 0,5 \end{pmatrix}$$ Flugzeug 1 fliegt doppelt so schnell.

Inwieweit lässt sich dieselbe Gerade im Raum durch unterschiedliche Geradegleichungen beschreiben?

Die 4 betrachteten Situationen führen zu derselben Gerade (gleiche Flugbahnen).

Voraussetzungen:

1) Als Stützvektor der Geraden g ist der Orts-Vektor jedes beliebigen Geradepunktes geeignet.

2) Anstelle eines Richtungsvektors $\vec{u}$ der Geraden g ist auch jedes Vielfache (KJU, KER*) als Richtungsvektor geeignet. (Kollinearität)

13

Mehrere Geradengleichungen in Parameterform für ein und dieselbe Gerade im Raum

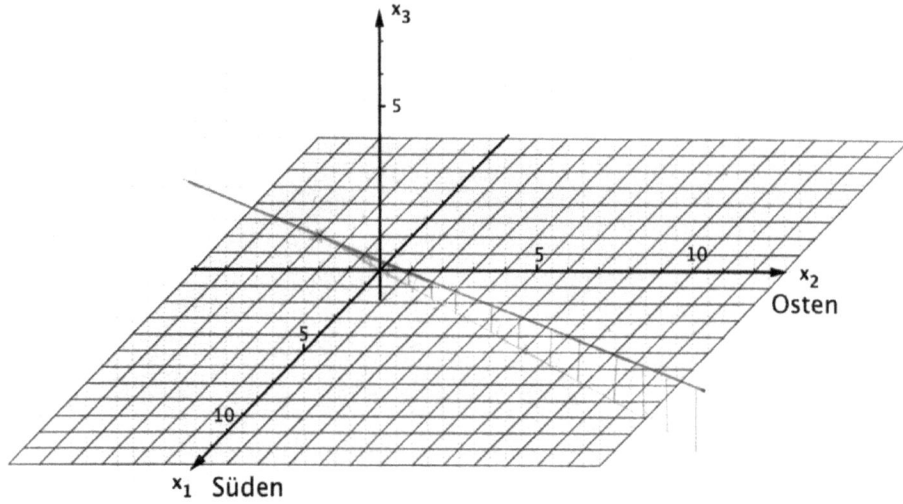

$$g_1 : \vec{x} = \begin{pmatrix} -2 \\ -3 \\ 0 \end{pmatrix} + t_1 \cdot \begin{pmatrix} 4 \\ 6 \\ 0{,}5 \end{pmatrix}$$

$$g_2 : \vec{x} = \begin{pmatrix} -2 \\ -3 \\ 0 \end{pmatrix} + t_2 \cdot \begin{pmatrix} 8 \\ 12 \\ 1 \end{pmatrix}$$

$$g_3 : \vec{x} = \begin{pmatrix} 4 \\ 6 \\ 0{,}75 \end{pmatrix} + t_3 \cdot \begin{pmatrix} 4 \\ 6 \\ 0{,}5 \end{pmatrix}$$

$$g_4 : \vec{x} = \begin{pmatrix} 4 \\ 6 \\ 0{,}75 \end{pmatrix} + t_4 \cdot \begin{pmatrix} 2 \\ 3 \\ 0{,}25 \end{pmatrix}$$

http://www.vosizneias.com/203174/2015/05/12/fort-worth-tx-us-airways-likely-to-stop-flying-this-fall/

Kann es sein, dass du dich mit deiner Geradengleichung für die Startflugbahn vertan hast? Ich habe eine andere Gleichung aufgestellt.

Nein… Eigentlich habe ich alles richtig gemacht. Aber zwei unterschiedliche Geradengleichungen kann eigentlich nicht sein. Oder?

Siehst du, beide Geradengleichungen waren korrekt! Aber ist dir aufgefallen, dass die Flugzeuge unterschiedlich schnell beim Start sind?

Klar! Die Concorde fliegt viel schneller als alle anderen Flugzeuge. Komm, wir überprüfen das jetzt.

Im Folgenden soll die Flugbahn des Lufthansa Flugzeuges betrachtet werden. Gehe davon aus, dass sich das Flugzeug geradlinig mit gleichbleibender Geschwindigkeit bewegt.

1) Der Startpunkt des Flugzeugs liegt bei (-2 | -3 | 0) und die Flugbahn orientiert sich entlang des Richtungsvektors $\begin{pmatrix} 4 \\ 6 \\ 0,5 \end{pmatrix}$, der die Positionsveränderung nach jeweils einer Minute angibt (Koordinaten jeweils in Kilometern). Zeichne die Flugbahn in *Bild 1* ein und bestimme die zugehörige Geradengleichung in Parameterform.

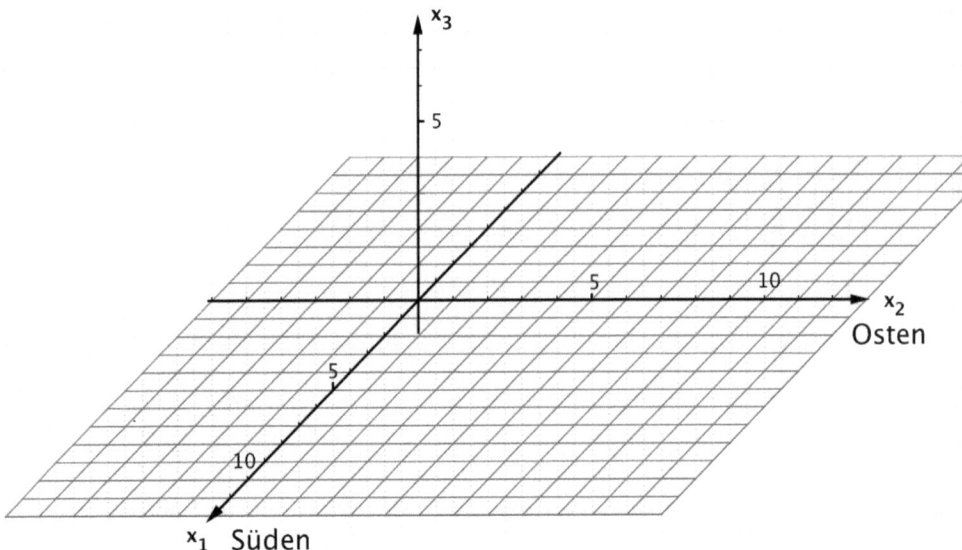

Bild 1

2) Überlege zusammen mit deiner Gruppe:

a) Vergleicht die jeweils in *Bild 1* dargestellten Flugbahnen untereinander, was stellt ihr fest?

b) Lässt sich eure Beobachtung zu a) auch auf die jeweils aufgestellten Geradengleichungen übertragen? Erläutert eure Aussagen.

c) Welche Bedingungen müssen erfüllt sein, damit zwei unterschiedliche Geradengleichungen dieselbe Gerade beschreiben?

Im Folgenden soll die Flugbahn eines Concorde Maschine betrachtet werden. Gehe davon aus, dass sich das Flugzeug gradlinig mit gleichbleibender Geschwindigkeit bewegt.

1) Der Startpunkt des Flugzeugs liegt bei (-2|-3|0) und innerhalb von einer Minute bewegt sich das Flugzeug um 8 Kilometer nach Süden, 12 Kilometer nach Osten und gewinnt 1 Kilometer an Höhe. Zeichne die Flugbahn in *Bild 1* ein und bestimme die zugehörige Geradengleichung in Parameterform.

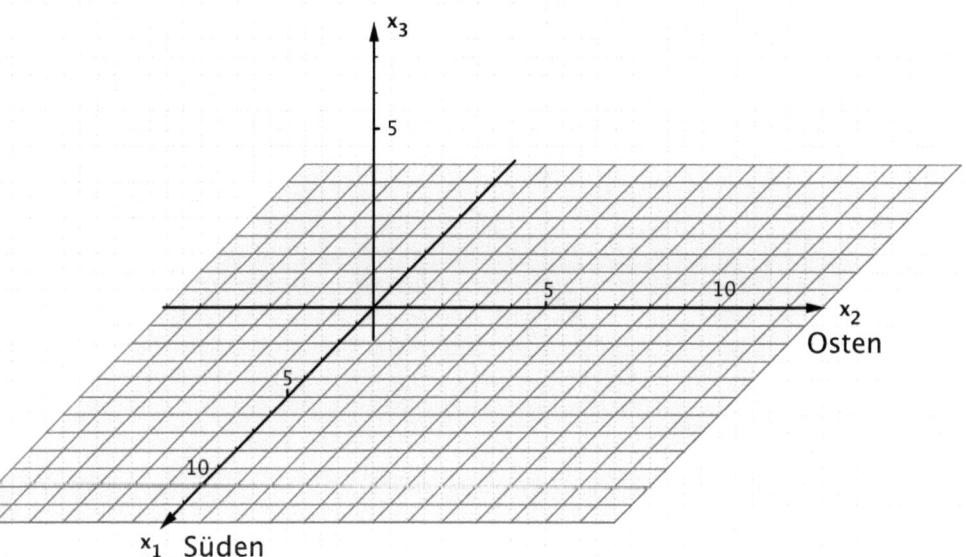

Bild 1

2) Überlege zusammen mit deiner Gruppe:

a) Vergleicht die jeweils in *Bild 1* dargestellten Flugbahnen untereinander, was stellt ihr fest?

b) Lässt sich eure Beobachtung zu a) auch auf die jeweils aufgestellten Geradengleichungen übertragen? Erläutert eure Aussagen.

c) Welche Bedingungen müssen erfüllt sein, damit zwei unterschiedliche Geradengleichungen dieselbe Gerade beschreiben?

Im Folgenden soll die Flugbahn eines Air Berlin Flugzeuges betrachtet werden. Gehe davon aus, dass sich das Flugzeug gradlinig mit gleichbleibender Geschwindigkeit bewegt.

1) Das Flugzeug überfliegt direkt den Kontrollpunkt (4/6/0) in einer Höhe von 0,75 Kilometern. Im weiteren Verlauf bewegt sich das Flugzeug innerhalb von einer Minute um 4 Kilometer nach Süden, 6 Kilometer nach Osten und gewinnt weitere 0,5 Kilometer an Höhe. Zeichne die Flugbahn in *Bild 1* ein und bestimmen Sie die zugehörige Gradengleichung in Parameterform

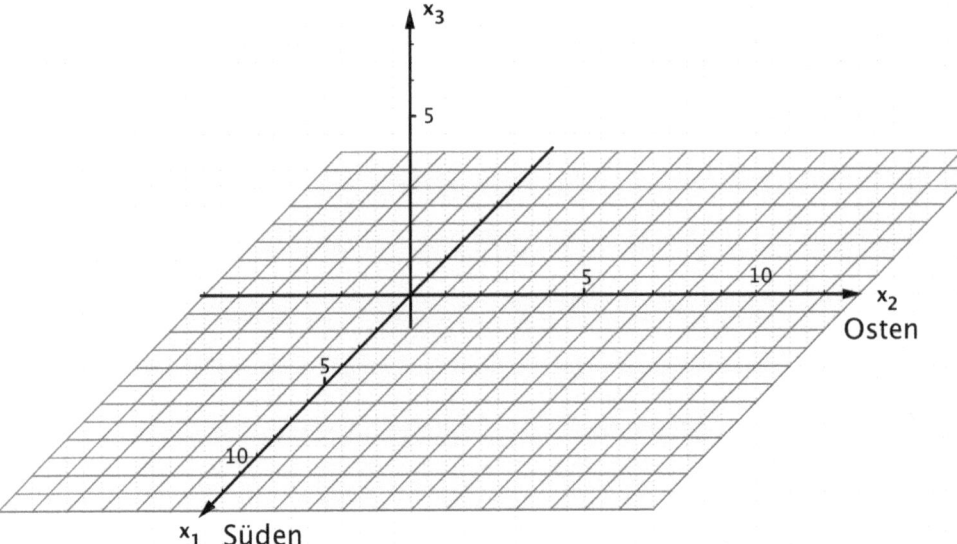

Bild 1

2) Überlege zusammen mit deiner Gruppe:

a) Vergleicht die jeweils in *Bild 1* dargestellten Flugbahnen untereinander, was stellt ihr fest?

b) Lässt sich eure Beobachtung zu a) auch auf die jeweils aufgestellten Geradengleichungen übertragen? Erläutert eure Aussagen.

c) Welche Bedingungen müssen erfüllt sein, damit zwei unterschiedliche Geradengleichungen dieselbe Gerade beschreiben?

5

Im Folgenden soll die Flugbahn eines Propellerflugzeuges betrachtet werden, gehe dabei davon aus, dass sich das Flugzeug geradlinig mit gleichbleibender Geschwindigkeit bewegt.

1) Das Flugzeug überfliegt direkt die Kontrollpunkte P(4/6/0) und Q(6/9/0). Der Kontrollpunkt P wird in einer Höhe von 750 Meter überflogen, eine Minute später überfliegt das Flugzeug den Kontrollpunkt Q in einer Höhe von einem Kilometer. Zeichne die Flugbahn in *Bild 1* ein und bestimme die zugehörige Geradengleichung in Parameterform.

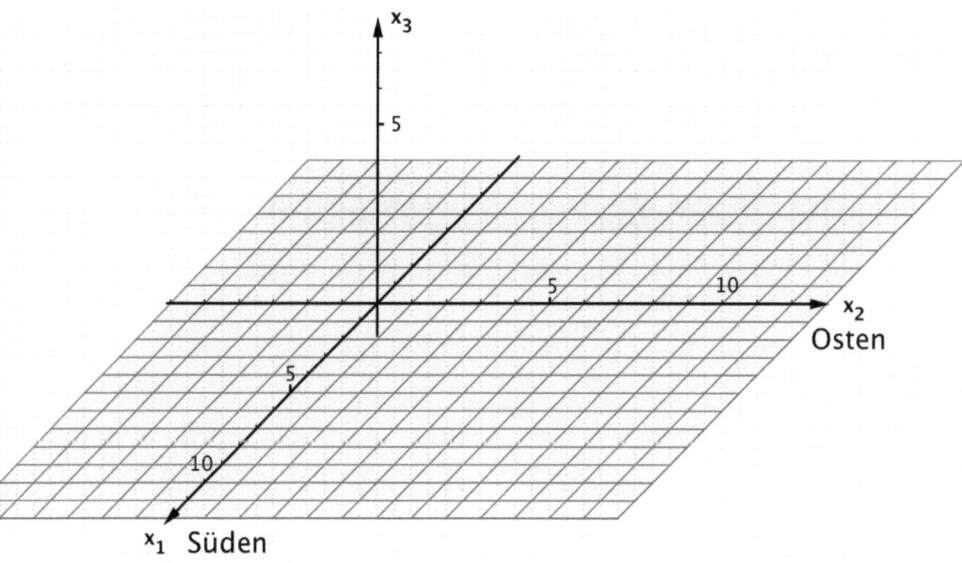

Bild 1

2) Überlege zusammen mit deiner Gruppe:

a) Vergleicht die jeweils in *Bild 1* dargestellten Flugbahnen untereinander, was stellt ihr fest?

b) Lässt sich eure Beobachtung zu a) auch auf die jeweils aufgestellten Geradengleichungen übertragen? Erläutert eure Aussagen.

c) Welche Bedingungen müssen erfüllt sein, damit zwei unterschiedliche Geradengleichungen dieselbe Gerade beschreiben?

6.5 Literaturverzeichnis

Bilder der Strichmännchen, unter: https://t3.ftcdn.net/jpg/01/21/11/20/240_F_121112050_EM-KzP6mKOZmf9JXUWr4HWY4vSHtmARxE.jpg und https://t4.ftcdn.net/jpg/01/21/10/95/240_F_121109568_809Z8IeJWCf-maZ3cRLRXLfyUPFm3YQKX.jpg (abgerufen am 4.5.2017).

Fischer, Gerd: Lernbuch Lineare Algebra und Analytische Geometrie: Das Wichtigste ausführlich für das Lehramts- und Bachelorstudium, Wiesbaden 2012[2].

Henn, Hans-Wolfgang und Filler, Andreas: Didaktik der Analytischen Geometrie und Linearen Algebra. Algebraisch verstehen – Geometrisch veranschaulichen und anwenden. Berlin, Heidelberg, 2015.

Lorenz, Falko: Lineare Algebra II, Leipzig 1992.

Niedersächsisches Kultusministerium (Hrsg.): Kerncurriculum für das Gymnasium - gymnasia-le Oberstufe Mathematik, Hannover 2009, unter: http://db2.nibis.de/1db/cuvo/datei/kc_mathematik_go_i_2009.pdf (abgerufen am 5.5.2017)

Foto für den Einstieg, unter: http://www.vosizneias.com/203174/2015/05/12/fort-worth-tx-us-airways-likely-to-stop-flying-this-fall/ (abgerufen am 6.5.2017)

Winter, Heinrich: Mathematikunterricht und Allgemeinbildung. In: Mitteilungen der Gesellschaft für Didaktik der Mathematik 61.